若葉が芽吹く4月、メス猿は通常2年に一度の出産を迎える。そして子供には危険につながる行為を防ぐ躾(しつけ)をする。
お猿は大人になると遊びはしない。大人と子供の「けじめ」である。

老いた体に冷たい風が吹き抜けていく。表情が人間に似ているだけに、その厳しさが伝わってきて悲しく、つらい。

一番右がユズリ。家族でないから座る場所が違う。この心得こそがお猿社会を維持していく重要な要素である。礼儀正しいお猿社会。接すれば接するほど魅力あふれる社会に思えてくる。

潜って、走って、追いかけて、泳いできたのはウド。私を見つけて泳いできているのだ。この関係が不思議でならない。

長い冬毛をわずかに残し、短い夏毛に変わるからだで、谷を下る涼しい風に身を任せる。表情を見れば夏の涼しさが伝わってくる。

群れが一列縦隊での移動を開始した。戸惑う子供も親の立場に沿って、一瞬のうちに自分の立場を決めていく。順位社会における規律の厳しさである。

口元に名前の謂れ（いわ）にもなった傷（キズ）。これが消えることはなかった。まだ子供っぽい素顔を残した表情だけに、将来を予想させてくれる期待は広がった。どんな生涯を送るのか。それを考えると体が震えた。

お猿の後ろは深い谷。前は切り立った斜面。私は以前、この谷に滑り落ちて命拾いをしたことがある。運なしでは生きていけない。

オスの子を出産したが亡くしてしまったキズ。母親ユズリの死後、少しずつ威厳に磨きをかけていったキズ。がんばれキズ。キズの生涯だけは見届けてみせる。私の決意こそ、勇気の源になっていった。

親子でかわるがわる毛づくろい。ウドだ。ちょこっと手を丸めて、満ち足りた表情を見せてくれる。そのしぐさ、動きが、あまりにも人間に似ている。

キズへの毛づくろい。キズ、少し緊張しているかなと思ったが、心配ご無用という表情にほっとした。こんな体験、誰にもできるわけはない。俺の宝。大事にしていこう。

ユズといっしょにドングリ探し。なかなか見つからない不作の年。ふと、指先に挟んで見つめていた時、「あれ？」。ユズがポイっと取って口に入れた。「それオレんの」「……そう？」。この一コマを得るための歳月だとしても惜しくはなかった。

自然の厳しさに耐えてこそ、この山で生きていける。乗り越えるもの、力尽きるものもいるが、そこにはそれぞれをいたわる心も見え隠れしている。お猿が死とどう向き合っているかを見せてもらった。

道をふさぐ雪崩があった。お猿の姿にほっとしながらも、この景色で生きる厳しさを実感する。老いたものに厳しい冬。その表情を見るのはつらい。

昨夜の雪は膝を越えるくらいまで積もっていた。斜面の歩きにくさはお猿も同じ。低い灌木に家族で固まって寄り添っていた。家族のありがたさを実感した。

見事な秋の色彩に存在感を示すオス猿。恋の季節だ。高い木のてっぺんから見下ろして群れの様子をうかがう。その気迫に圧倒される。

山に咲かせた命の花

「キズ」と過ごした二十年

戸谷和郎
TOYA Kazuro

文芸社

まえがき

野生の生きものと山歩きができたら？　そんな夢に『シートン動物記』を重ねて過ごした我が少年時代。林に、川に、山は大の遊び場でした。

そんな、忘れかけた夢の山。しかし一つの出来事をきっかけに、「これだ」と思ったのでした。相手はお猿。しかし、すでに私は五十歳の手前。場所は石川県の白山。自宅のある横浜から六〇〇キロという距離ですが、お猿は人と類似性のある生き物だけに、この機会を逸すまいと即断したのでした。山の状況など知識のない無知からの出発です。行くしかあるまい。こうして、四季を通してのお猿の追っかけが始まったのでした。

お猿に会えない日もあります。自然の怖さ、そしてクマ。命がけの場面もたくさんありました。全てが知恵の輪、生息との関わりに全てを賭けました。運の味方がなければ私の命はなかったでしょう。身に付けた知恵の数々、山を知り、お猿に学ぶしかありません。目は口ほどに物を言います。お猿との関わりを通して作られた表情、それがお猿の信頼を得る作法と信じて、それしかあるまいと根気よく向き合ってきました。

お猿の群れは少数の分裂をしながら、再び少数の群れに戻ります。出会ったお猿は二十四頭でした。この群れのメス頭（がしら）「ユズリ」の子で、次女の「キズ」、信頼関係はこの家族に向けられ、この家族との関わり、気性の激しいメスの子キズに巡り会えたことが、私にとって幸運でした。

親の亡き後、親の立場を我が道と心得て目指すメス頭の座。そんなキズの姿に、この子の一生だけは見届けてみせる、と決心した。

しかし信頼の証しになる「毛づくろい」ができるまでの歳月は長くかかりました。初めての毛づくろいの時は手が震えました。この関係が生み出す気遣いこそ豊かさの証しでした。

こうして命の輝き、助け合いの心を感じ、キズの思いやり、キズに助けられ、救われ、勇気づけられ、信頼は私の思いをはるかに越えていったのでした。

キズがここまで考えてくれていたのかと思うと、勇気百倍でした。こうして、私は命の豊かさを実感していきました。知らないが故に続けられた夢、知る魅力、夢は命の関わりそのものの中にあったのです。

文明の利器に翻弄されていく人間社会。人を傷つけ、人間同士で戦い、殺し合うのも、全ては身から出た錆。命の豊かさへの魅力はどこへやら、人社会の行く末に光は見えてきません。自らの知識で滅びていく生き物なのでしょうか?

歩いて来た道、歩いて行く道、勇気をもらう道、夢の道

東から西に向かって流れる蛇谷(じゃだに)を挟んで、南斜面と北斜面がお猿の生息地です。お猿の気配を感じながら、朝の冷えこんだ空気に身をさらし、山の気配に身をさらすのです。

自然の関わりの中でお猿の影を追う。お猿の生活環境の中で知恵を身につけ、理解を素材にしながら、群れと出会う場所を探っていきます。

蛇谷の空気に染めて

お猿が私の姿をどこかで見ているかもしれません。今頃、昨夜の泊まり場を離れて、早い朝の食事に時間を割いているかもしれません。自然との関わりの中で、共に自然を味わう感覚を共有していく、その楽しさを知らずして、お猿と向き合うことだけは避けていきたい……。

何を考えて歩いているかって？　この自然の恵みを味わいながら、生きる姿勢を共にしてくつろぎ、毛づくろいを交えて、山道を歩き、互いの姿を共にしていきたい。命の源を担う自然と関わりながら、感性を共有しながら喜怒哀楽の世界を味わっていきたい。それだけです。

もくじ

夏の猿ヶ浄土山（さるがじょうどやま）

　季節は夏。ゆったりとした風貌で趣を変えていく猿ヶ浄土山。その偉容に思わず見惚れてしまう。

　この山をお猿と共に歩けるのだろうか？　食と涼を求めて歩くお猿の道、むやみやたらに歩くのは危険だ。しかし、「猿道」を探し、お猿の糞を見つけた時には勇気が出た。

　長い冬毛が短い夏毛に変わる時期、少し貧相に見えはするが彼らの衣替え、子の姿に救われた気持ちになる。

自然と関わる楽しさと厳しさ

　山に生きるものは、四季の移り変わりに沿った対応が必要。だが、寿命はもちろん、さらなる試練として、群れ社会における順位の仕組み、そこには自分の生き方を決める要素が深く関わってくる。

山は「宝の泉」。自然との関わりなしには人といえども寂しい

群れの政権交替

ボス猿ゾン	メス頭ユズリ
← ボス猿ブン	メス頭クルミ
← ボス猿ジン	メス頭（?）
← ボス猿ダン	メス頭キハダ
← ボス猿デン	メス頭シロ
← 群れの分断	
← キズグループ ボス猿ドン	← シログループ ボス猿ズン

山の果実の出来不出来、それによって生きていく姿勢、試練がつきまとう。そして冬、大事な要素になるのが家族だ。

しかし、ここにも落とし穴がある。限られた生息域を維持するための厳しい鉄則、順位の中で、どう生きるかの選択が群れを維持するために必須である。

働く自然淘汰の仕組みが作用する。出発に関わった群れの数が二十四頭、争うことなく仕組まれた群れ社会の掟が自分独自の判断に作用する試練、その有りよう、の姿を前後しながら魅させてもらった。

さて人間社会、言葉も衣服

もすべてが自由。それをとがめられることもない。しかし文明の利器が人相まで変えてしまう始末。
悲惨な事件は後を絶たない。なるようになっていくしかないだろう。

山に学んだ一本道

歩む道
歩んで行く道
歩んで来た道
俺の道

志（こころざし）、それが我が身の評価
それを自然と関わる姿にしたい

夢は小さな楽しさを元手にして育つ

毛づくろい。私の手の動きが悪かったのか、お猿の顔が少しゆがんだ。ごめんね。許された信頼の証しなのだから、一つ一つ心して直していこう。

お猿の肌は白くすべすべして心地よい。しかしそこには私に心を許した思いがある。すべては自分次第、信頼の上での行為、こんな嬉しいことはない。

これから先、どんな関わりが待ち受けているのだろう。心して関わり合っていこう。

冷えた岩で一休み。夏はこれに限る

冷えた岩の上で信頼の証にする毛づくろい。やわらかな指先の感触、お猿の表情を見れば、この安らぎに勝る関わりは考えられない。

人と同じ器用な指先、その表情、行為が、親子の絆、仲間との友情、厳しい順位社会の中だからこそ、信頼

向き合える相手を教えていく

の証しにする理由がよく分かる。細い指先が白い肌を滑る感触、信頼関係の証しにする理由がよく分かる。このお猿たちと一緒に山の風情を味わうことが出来たら、そう思うと体が震えた。信頼の証しになる毛づくろいができるまでの歳月は六年近く要したが、もっと早くできたのかも知れないが勇気がなかった。出来た時は指先に震えが来た。ありがとう。感謝の気持ちで目がうるんだ。

山の風情は自然を利用する関わりの中にこそ強く感ずる

秋の猿ヶ浄土山

秋の山は恋の舞台を赤く染める。燃えて、燃えて、燃えつくせ。

相思相愛の恋もあれば、一時（いっとき）の思いで終わる恋もある。高い木の上から相手を探すオス。「グオー」、オスの木揺すり。油断はできない。オスの威勢、メスのけん制。

うまくいく時はよいが、一歩間違えば怪我のもとになる。群れのオスとて油断はできない。追うか追われるかは立場で違うが、「ハナレ猿」（単独行動をしている猿）になると情け容赦はない。

ボス猿と言えども恋の相手には時間をかける。木の上で、岩の上で、地面で、草むらの中で、さりげない振りをしながら、相手を意識する表情は、見ていて飽きることはない。お猿たちはちょっとした動きにも敏感になる。

子育てを生きる姿勢の証にしていきたい

秋の猿が浄土山。南斜面の下を流れる蛇谷。ここが生息地だ

厳しさを共にしてこそ身に付く勇気。厳しさのなかに潜む楽しさに勝る幸せはない。信頼関係なくして幸せの冥利は味わえない

慕う恋、求める恋、耐えて咲かせる恋、恋の姿は様々だが、どちらにせよ、思いは一つ。燃えるような秋の風情に、一日を恋に明け暮れるものもいる。

許し合い、求め合う恋。その熱い思いは山の色彩に勝るとも劣ることはない。二、三年に一度の出産。お猿社会がメス社会である限り、恋なくしてメスの存在感はない。

オスの声が聞こえるのもこの季節。それが群れの居場所を知る手がかりになる。

秋の子供たち、特に赤ん坊にとって危険な季節でもある。

そして四月の出産を迎えるのである。

お前が好き、それでいい

冬の猿ヶ浄土山

川の音が無常を誘う。静かな冬の山、ここに生きものがいる不思議を感ずる

この景色。猿たちの姿にホッとする

俺たちの道

黙して語らず、それが冬の表情だ。

川がなければ音はない。ただ静かさだけ。しかし川が荒れると凄まじい状況にさらされる。山の厳しさに容赦はない。

ただ一つ、日光浴に生きる幸せを実感する。自然に関わるもの全員が厳しさを忘れ、眩しく暖かい陽射しに酔いしれる。

だが何か物足りない。その穴埋めが家族の毛づくろいだ。そして灌木（かんぼく）の芽と皮を食すために、高い梢（こずえ）で芽を漁（あさ）る。

冬も後半になると、それぞれの体力の差は歴然としてくる。静かな冬の景色に忍び寄る不気味な足音。栄養価の低い食料ばかり、そして老いてくると歯の状態も悪くなる。冬の厳しさを、毛並みの良さで乗り切るより他に方法はない。

日の温もり、当たり前のことが有り難い。子供から大人まで、お腹を日に向けてうっとりする姿は、殺風景な冬景色に潤いを添える。

よかった。これでいい。それを元気の源にするしかない。

日光浴

お猿だ、それだけで十分。蛇谷の上流

雪崩(なだれ)の跡を横切る

今日は晴れ、冬の山は静かだ。

朝食を済ませて雪崩のあった雪の斜面を歩いて来た。秋の毛並みが冬の厳しさを感じさせない。景色を見る限り、恵みと言えるほどの素材はないが、荒れることがなければ、静かな生活に明け暮れることができる。

雪崩のあった雪の上を歩いてくるお猿。危険を感じさせないが、お猿のとっさの反応は素早い。

この時期、お猿も限られた生活範囲の中で行動することが多くなる。見通しがよいので出会いは作りやすい。どこで、何をしているかが一目瞭然。意外にも穏やかな生活に見える。せかせかしていない。食べることに苦心して、あくせくする姿は見られない。

お互いを思い合う気遣いがあれば、穏やかな時を過ごすことが出来る。群れに居さえすれば、厳しさを忘れ、安らぎのひとときが過ごせる。多少ひもじくとも、不安のない生活姿勢でいることができる。

みんなが共に関わり合って生活する姿勢を見ていると、自分勝手な生活に魅力を感じさせない。仲間を気遣って過ごせることこそが冬の厳しさを乗り越える大きな理由だ。孤独ほど寂しいものはないということを実感させる。

この心得こそが冬の魅力。お猿たちの生活を優雅にも見せる。親子の絆を道づれにして、冬の厳しさに耐えていく。その魅力に勝るものはないのかもしれない。

雪崩跡を移動する

存在感

右がボス猿。仲間の様子をうかがっていても、前にいる私を気にする素振りはない。

ここはメス社会、メスは一生を群れで過ごすが、オスはメスに選ばれた存在期間だけ。だから、ボス猿の横で、背をボス猿にくっつけての毛づくろいする心地よさこそ、メスにとって、この充実感に勝るものはない。

そして、その前にいることができる私。これまでの苦労と流した涙が無駄にはならなかった。それが嬉しい。関わり合いの中で得たそれぞれの存在感。無言でも理解出来ていく証しだ。

お猿と一緒に歩く楽しさに無理がない。お猿の成長に沿ってこの味わいを続けていければ申し分ないが、お猿たちも成長に沿ってしのぎを削るということがある限り、それが群れの活性化につながっている限り、避けては通れず、私も立場への覚悟を求められていくであろう。

周りに目を配るボス猿

大地の春

早春の南斜面は大地の温もりが始まろうとしていた。厳しさを乗り越えたものに用意された風景、だがその素顔は、広い南斜面の大地が色づくまで、命に輝きを取り戻す恵みへの反応は遅れる。

この素敵な景色が命の潤いに変わるまで、自然の備えに、命の輝きが反応するまで、耐えて待ち望んだ姿を景色の中に見つめていきたい。

長い冬毛の下に見え隠れする素顔、母親の温もり、遊び、日光浴を楽しむ癒し、自然の厳しさを知恵で乗り切る者の姿、表情、その素晴らしさを手にするのも間近だ。

大斜面を移動する群れ

命に輝きを

雪深い白山。親から譲り受けた知恵と工夫で厳しい冬を乗り越える。しかしその年によって違う自然状況が、時に老いたものにつらく当たる。

見晴らしのよい景色を共に歩く幸せ、命が潤う景色の魅力に申し訳ないと思う。

お猿には天敵らしきものはいないが、死骸を食べるものはいる。ほとんどが自らの寿命と仕組みに沿って数の調整をするからだ。しかし、空にはイヌワシが舞う。のんびりと春の風情と恵みを楽しむには、しばしの時が必要だ。

万が一に備えて一泊の用意を背負う

早春の雨、油気のなくなった毛並みに雨がしみる。雪は消えども少しの辛抱、その表情にほのかな安らぎを感じはするものの、細い指先で草の芽を摘む時の素顔、そこに命の貴さを感じてならない。

自然と向き合う厳しさの中に取り入れた知恵の数々。しかし、景色に見ほれても対面する山肌に油断は禁物、自然と向き合うかかわりの中には運の味方なしでは救われない行為ができてしまうからだ。一つ一つ着実に歩む姿勢の違い。お猿は四本足、人は二本足を忘れるな。日が当たれば、朝一番の楽

日光浴にうっとりするボス猿の表情

キズの毛づくろいをする姉のユズ、キズ最大の味方、見渡すかぎり仲間はいない。群れは？　結構、広い範囲を心得て移動していく

しみは日光浴である。ボス猿とて特別な変わりはない。日光浴を兼ねた冬の毛作ろい、キズと姉のユズ、この二頭の側で味わう山とのかかわり、この状況に勝るものを今の私は持ち合わせていない。信頼関係の中で味わうやすらぎ、自然とのかかわり、いつしか苦労は消えていく。

春の蛇谷

東西に流れる蛇谷を挟んだ斜面の芽吹き。朝の光が林の輪郭を見せて輝き始めた。

お猿たちは南斜面で一日の大半を過ごしていた。北斜面は植生の違いと遅れがあるからだ。一番の理由は日光浴が出来ること。カモシカの姿も見え隠れする。

斜面に降り注ぐ春の陽気を全身に受けて身を任せる。その陽射しは私とて同じ山歩きの一歩を勇気づけてくれる。

見通しのよい河原と斜面は群れの動きを観察しやすい。川渡りに見せる知恵、母親のおんぶに抱っこの川渡り、お猿の数、順番、ボス猿の姿勢、順位……。川は群れの事情を見るのにうってつけだ。

蛇谷、左が南斜面、右が北斜面、川幅は広い。移動、おっかけ、水に慣れろは必須科目。それぞれの立場が見えてくるところだ

赤ん坊の瞳に何を映す

生まれて一ケ月の赤ん坊。春の陽射しに沿って動きは活発化していく。お猿ならではの素顔。木にしがみつき、興味津々の瞳。親は見守りながら、自由に動ける範囲を見定めていく。身勝手は許さない。

自由と身勝手、自由なしでは自立への道は危うくなる一方、身勝手は命取りになりかねない。頼る子と頼られる親、この違いをはっきりさせていかねばならない。だから、赤ん坊に手出しをさせない、しない躾(しつけ)があるのだ。紛らわしい行為は危険を伴う。いざという時に身を寄せる相手を知ることができなければ意味がない。

お猿の耳、手足、視力は鋭い。いざという時のために、手の器用さは生きるための最大の武器になる。使えば使うほど知恵を育む「打ち出の小槌」だ。

お猿から学ぶことは多い。器用な指先で吟味する知恵の働き、その豊かさに驚く。この手も、年齢を経て黒くすんなりとした大人の手に変わっていく。

赤ん坊にさせる躾の一つに、こんな行為がある。

七メートルぐらいの高さに茂った、ふっくらと丸い木立ちの中に赤ん坊を集めて遊ばせる。外からは葉に覆われて見えない。イヌワシを警戒してのことか。いや違う。

暫くして、赤ん坊を呼ぶ親の声に戻っていった。人間でいうところの幼稚園だ。赤ん坊も相手も手出し無用、だからお猿同士小競り合いにはならない。親との関わりの中で躾として身につけているからだ。

大人と子供の遊びほど紛らわしいものはない。親の視線の中で関わる相手を特定しながら、遊びの楽しさを実感し、知恵の輪を広げ、その楽しさを自立への足掛かりにしていくのだ。

子供は親の第二走者

あれっ？　水

お猿の後について、林の中を歩いている時だった。

あれっ？　何を食べているのかな？　一瞬この姿が理解できなかった。土か？　水か？　こんなところに湧き水が。水がたまっているわけではないが、えぐられた窪地がある。

仲間の様子をうかがう

しかし、尻を向けて、後ろにきた私を気にもしないで夢中にしているものとは？　この雰囲気。仲間として？　後ろにいる私を気にしない。

ちょっとのぞいてやろうと思ったが、しかし、こんな状況で無防備に尻ダコを見せる、意外な扱い。改めて自分の立ち位置を意識した。

お猿たちが去った後、少しなめてみたが、やはりこれは湧き水だ。何か、大声で喜びを口にしてみた

やわらかな春の陽射しがお尻に。のどの渇きを湧き水で

かった。やった。

人と変わらない姿に思わず苦笑い。お猿は振り向きもせずに去っていった。


知ることが山の楽しみを生み出すとすれば、山の礼儀、作法もあるはず。向き合えた幸せに思わず頭を下げた。山を知らずにお猿を語るわけにはいかない。それをつくづくと感じた。

そう言えば、お猿が土をつまんで食べる場面もあった。ミネラルの補給だ。これもなめてみると粘土質で良好。味はないが違和感もない。

お猿の食べるものを躊躇なく口にしていると親近感も芽生えてくる。山の健康管理に、山の心得も伝わってくる。自然と生きものの関わり。動物に生まれ変わるとしたら、お猿以外には考えられない。知恵の扱いが本当に人間に似ている。やはりお猿がいい。この山で生きろと言われたら、お猿と共に生きてみたい。

幸せいっぱい

命の芽生えの赤ん坊が親のふところで遊ぶ豊かさ、何もかもが出発点に立った素顔の魅力だ。母親の反応にやすらぎを覚えながら、景色や、仲間の動きに興味を示していく。こうして、親子の絆を深めながら、親に身を委ねている心地よさを味わっていく。

肌で味わうやりとりに、育つ姿勢は欠かせない。母親の温もりの中で見る景色、親の感触の中で味わう魅力と知恵、いろいろなものを見て、接して、関わる楽しさを体験していく。

成長過程には、早くても、遅くても、思うようにはならないことがついて回る。仲間と共に歩む成長過程があるからだ。共に味わい、許し許される関わりこそ、成長に

親が子を思う心、だから伝えるものが問われる

は欠かせない。関わりを学び取る知恵が必要だ。自分勝手なご都合主義と興味本位では子育ては成り立たない。

許し、許される行為の重要性を子育ての柱にしながら、生きる習慣を身につけていく。

授乳中です

疑問こそ知恵の母

お母さんのお腹は動く小さな子供部屋。柔らかな毛並みと温もりに包まれたゆりかごだ。

赤ん坊の瞳に映すものを広げながら。「あれなんだ?」、立場が違えど私と同じ、知らないことがたくさんたくさん。大きな耳と手と視力、それを武器に生きる赤ん坊。母親の知恵に守らながら、日に日に成長していく。

だが、動くことには限界がある。小さな動きを実感させながら、自由は過ぎると危険につながることを知らなくてはならない。

赤ん坊は母親を見て、母親は赤ん坊の動きを見極めて時期をうかがう。生後十五日前後の姿、まだまだおぼつかないよちよち歩きだ。母親は少しずつ自由の楽しさを味わわせながら、動く範囲を見定めていく。

間違っても、親が子の顔をうかがうことはない。この動きを見間

何してるのかな?

違えると成長はおぼつかない。親子の結束が崩れては元も子もない。

だから、しばらくはお母さんの体が遊び場。お母さんは利用させながら、楽しさを実感させながら次なるステップの足がかりに。母親の思いを赤ん坊に伝えながら、子育ての楽しさを親も味わっていく。善し悪しの区別を身につけながら、自分で歩く楽しさを身に付けていくのだ。

なあに？

メス頭ユズリの苦悩

早春の雨、めっきり白くなった毛並みを雨に濡らす母親ユズリ。

最長で長期安定政権を維持し、ボス猿「ゾン」と共に存在感を示した五年間。

その中で育て上げた子供たち、「ユズ」「キズ」「グミ」の年子。三女を出産、わが生き方に悔いはなし。

キズは、母親ユズリの次女。姉のユズ、三女のグミ、そしてボス猿ゾン、キズはその中を何の気兼ねもなく、思うがままに振る舞って過ごした。

ボス猿の背に乗って移動することもあり、ボス猿も私を特別視することもなく、ユズリにとって、これ以上の存在感はあるまい。

それだけに、ユズリが頭を退いた時の表情、その苦悩の姿が見るに忍びない。ボス猿と共に退く世代交替の憂き目。引退後は近くで新ボス猿の姿をうかがう。厳しい現実に心の内を察するしかないが、

ユズリの瞳が語る

子供たちの前で味わうこの試練は厳しかったに違いない。

キズ三歳の素顔

長期安定政権の中で育ったキズ。母親の引退後、気性の強さ故に次期ボス猿がキズを嫌ったいきさつもある。

母親ユズリの下で育ったキズ。負けず嫌いの姿勢を身につけていた。すべては表情と態度に表れる。この中で身につけた気性の強さ、その素顔と歩み、こんな子はそうざらにはいまい。男勝りの性格は一級品、三歳にして表情はすでにメス頭に相応しい風貌をにじませていた。

この子はどんな生き方をするのだろう。そして信頼の証である毛づくろいをキズにできてみれば、この関わりの中で見せてくれるものとは?

赤ん坊の時に負った口元の傷、「キズ」の名前の由来だ。

3歳のキズ

キズ、この子の一生だけは見届けてみせる

風はハーブの香り。柔らかく流れる陽気に添えて、この風、どこから来た風？　どこへ行く風。柔らかな春の色気に、白い毛並みがわずかに揺れる。日光浴を兼ねた素顔のやすらぎ、うつろに細めた瞳に私の姿は映っているのかいないのか。それが嬉しい。目を覚まさせたら私の負けだ。

大木を体の支えにしているキズ。春の陽気に身を任す風情が素敵。幸せは一人じゃ味わいにくい。キズ、ありがとう。ここまで成長させてくれたキズ、感謝するよ。

無口は春の陽気に似合う。自然と関わり合う中に身を預ける思いも、まだどこかぎこちなさが残る私。キズの気配りに理解を示すまでには時間がかかる。

やすらぐキズ

あの日、あの時、あの素顔、しぐさ、関わり合いの中に育てて来た思い。キズの素顔は己の素顔。無口でも、何の不自由も感じない。キズとの巡り合いなしでは自然との関わり合いにも不備が生じたであろう。

眩しい春の陽射しに目を細めるキズ。近くにいる姉のユズも同じだ。自分らしい居眠りができるかな？しかし、この風はどこから来た風。気持ちよい風、どこに行く風。便りを乗せて送り出してやろう。

食べて、歩いて、居眠りして、毛づくろいして、自然を舞台に、キズを師匠に、これで幸せを味わえないはずもないが、この安らぎに勝る関わりもあるまい。

いつまでもこうしていたい……春の陽気が好き。「眠いかい」「うん」

春のにぎわい

早春の花がけなげに咲いて勇気をさそう。黒ずんだ地面で我が春を祝う。

林の南斜面にはカタクリの花、のどかな春の景色ににぎわいを添える。厳しさの中に見せる早春の眺め、その心地よさ、春の色気は無口が似合う。

カタクリの花にどこか似ているキズとの関わりも、控え目な姿が似合う。カタクリの花咲く南斜面、お猿の追いかけに少し戸惑ったが、ごめんよ。申し訳ない気持ちを口に出しながらも、自然と向き合う優しさだけは忘れまいと思う。

春の陽気は自然と関わる壮快な気分を味わうには申し分のない季節といえよう。そんな中で出会った五頭のお猿。分裂組はお前か。群れの中で味わう厳しさを逃れての判断、その姿はどこか寂しい。残念だが、自然淘汰の片棒を担いでしまった手段だったが、そこに

キクザキイチゲ

は自滅の道。子育てができない矛盾がある。

お猿社会の定め。運は自分本位の中には生かされない。所詮は身から出た錆として処理される。群れで生きるものに自分本位の行為は許し難い。楽をした者に運の恵みはない。

キズとの関わりも群れ社会を意識してのこと。身から出た錆にならないよう気をつけたい。

学校で学ぶ人間社会、キズを通して学んだお猿社会の知恵。人間社会の諺はお猿社会にも通用する。知恵を活用して生きるお猿、知識を活用して生きる人、動かないでスマホを楽しむ人、動いて知恵を身につけるお猿、どう生きるかが問われる時が来たようだ。

生きることに付きまとう運、不運。そこには行動を支える知恵と勇気が欠かせない。自然と関わる姿勢の中に必要不可欠な要素である。

フキの花

カタクリ

静かに時を待つ姿勢が出来たかな。俺「分裂組」、ちょっと選択を間違えちゃった

指こそ知恵の源

人の手、猿の手、色が違うくらいのものだ。休息の場を利用して毛づくろいをする。その合間をぬって赤ん坊を歩かせ、群れの顔ぶれを覚えさせていく。反応しないさせない躾を身につけて、それぞれの自由を優先させる。

赤ん坊は毛づくろいを受けながら、仲間の姿、表情に興味を寄せる。備えあれば憂いなしの体験。こうして、母親が許した相手の認識をしながら、関わる楽しさを実感していく。

赤ん坊の好奇心は危険につながる要素ではあるが、危険を知らないのは無防備と同じ、かといって自由なしの子育ては考えられない。その準備過程こそ赤ん坊の一年なのだ。

こうして手出し無用の赤ん坊にも躾の効用が生かされる。体験は必要不可欠な要素であるからだ。手出し

人との類似性はこの手が生む知恵にあり

無用を徹底させながら、赤ん坊同士の遊びにコマを進めていく。

大人になると遊びをしない理由も、紛らわしい行為が生み出す危険を避けるための知恵。三姉妹を見ていると、それぞれの立場による関わりがよく見えてくる。活発なキズ、姉のユズは受け身、三女のグミには物足りなさ。この立場の違いが意識の相違を生み、将来の生き方を左右していく。立場の相違を楽しむ遊びが、今後の生き方を作用していく。

仲間同士の関わりも、親の姿勢を読みながらかかわりを決めていく。遊びを通して身に付ける知恵、立場は、自身の順位の認識につながる。親を通して、信頼の証である毛づくろいを身につけながら、その心地よさを実感していく。この関係なくしては、ハナレ猿の道を歩む以外にない。

お母さんの握りこぶしに刻み込まれた知恵の輪、優しさだけでは守り切れない仕組み、無駄なものは何一つないが、立場の判断を間違うと、群れの仕組

命の輝きで彩る春の山。生まれて1ケ月と10日。どう？　カッコいい？　これが山のハマキだ

みに沿って、淘汰の道を歩ませていく。生き延びるために用意された自然の仕組み。地球は一つ。限られた生息域、身勝手な行為をしたものは、いずれ破滅の道を歩むことになる。

生きるという姿勢の中には淘汰されるものの仕組みも用意される。キズの歩み、姉ユズの歩み、母親の存在感。願ってもない条件の中で威勢を見せていくキズ、立場があるから強さを示すことが出来る。自分の立場を意識しない自由ほど、危険きわまりないものはない。

人間社会も同じ。今やスマホは必需品、身なりは自由だが、それによって情の薄れた顔。その顔が語る残虐な事件はその時代を語る。書かずにはいられなくなった。

カタクリの花の中で

南斜面の林床（りんしょう）の一部を賑わせるカタクリの花。一瞬躊躇したが、お猿が入るんだからよしとしよう。親にしがみ付く赤ん坊の表情。しかし、特別なものは見当たらなかった。母親は分かっていよう。お猿との関わりにコトバはいらない。思いは顔に出るもの。不思議を探る旅。私はお猿の誕生日を四月十五日として計算している。様々な表情を見せる赤ん坊の素顔、目に映るものすべてに興味津々。しかし不思議に私への反応は示さない。興味の対象にはなっていないようだ。

母親の体につかまる安心感、時には真剣なまなざし、自然と関わって生きる者の表情に飾りはない。今年も暖冬、早い雪どけの景色に、お猿の表情にやつれは感じられない。お猿と一緒に歩くカタクリの花。春の陽気をこんな雰囲気の中で味わう気分は幸せの一語に尽きる。母親の艶のなくなった白く長い冬毛も、この景色の中に溶け込んで気にならない。

賑わう早春の陽気と色彩。花びらを後ろに回して春の日差しに応えるカタクリの花。一週間の景色の変わりようは激しい。近くで鳴くウグイスの声、しかし見えにくい。どこまでついて行けるか、先にあるのは深い途中谷。でも、状況を共に味わえる関わりが出来ればそれでいい。そこには仲間と変わらない親近感、共に歩き、共に味わえる姿、環境、暖かな春の陽気に似合う関わりができればそれでいい。

思いを動きと顔で見定める

この手と視力は知恵の源

春は出産の季節

オッパイは命の綱。ならば、躾にこの立場を利用しよう。自由に見えていて決して無条件ではないが、柔らかな親子の姿に見惚れる。

林床を賑わすカタクリの花。春の景色が賑わう中に見せる命の芽生え。生きものの姿、景色、生まれて間もない赤ん坊の親子。だが、すでに躾が進められていく。何をしても許される訳ではない。成長に合わせた命の保証が託されているからだ。

躾は命を守る万能薬としての効果を期待させる。干渉しないさせない躾に加えて、身勝手を許さない親の思い、言い訳無用の姿勢を崩さない。親の思いを無視するような行為はオッパイとて〝待った〟がかかる。危険への備えは優しさだけでは救えないからだ。体験を通した心得がなくては役に立たない。

他のものが干渉しない、させない躾を通して知恵の数々を学ぶ。休息の時を利用して赤ん坊同士の遊びに移行していく。信頼の証となる毛づくろいを真似るようになると一応ほっとする。相手を思いやる姿勢が生まれてくるからだ。

この毛づくろいを通して味わう信頼関係、危険を避ける知恵、様々な事情の中に起きてくる危険に対応するには、勇気なしでは避けられない事情がある。

シトシトと降る春の長雨。密生した毛並みで肌を濡らすことはないが、お猿と共に味わう自然との関わり、山積する課題に知恵を絞りながら、知恵こそ己の宝、その実感に酔いしれる日が必ず来る、そう信じて歩いていこう。

興味は知恵の輪

親は子に見せて、子は親の指先を見て

自然の関わりを共有してこそ味わえる豊かさ

六〇〇キロの旅にかけた一本道。しかし、むしろ、励みに変わっていった。

お猿に会いに来る人がいるって？　不思議な人もいるもんだ。しかし、その過程は命知らずの旅。運の味方なしに夢をかなえる訳にはいかなかった。

少年時代に描いた『シートン動物記』をはるかに越えていた。出会いによってキズの一生を見届ける旅に変わったが、開けて傾斜した芽吹きの景色、この眺めの中で出会う味わい、夢の世界を越えた景色にふるえた。

わずかに伸びた草の新芽が朝日に輝いていた。描いた以上に素敵な旅。この先は深い谷、向かいの山に行くには、登り返すより方法はない。この景色の中で毛づくろいをしてみたい。その気分に勝るもの

行動すると心が動く。そこに生まれた山の自然と関わる作法。生涯手放すことはあるまい

は他にあるまい。想像の世界を越えた風景。反対の斜面に出向くには、一度下って登り返す以外にない。クマもいれば、カモシカ、タヌキ、キツネ、イノシシ、ウサギ、アナグマ、空にはイヌワシも舞う。これら動物に意思疎通を図る術(すべ)はないが、全てに出合っている。

この山の景色の中で出産を迎えたお猿「ウド」の姿を撮ってみた。

アカンボウの素顔。その無邪気な表情にほだされる

共に歩く姿なしでは命の輝きは見届けられまい

景色を共有する者がいてこそ風景は輝く。下りの斜面で出会った一コマ。ウドの出産は不幸に終わった。だがその姿に言葉を失った。

思いを口にすると表情を豊かにする。キズはどこにいるのかな？　みんなの前で信頼の証である毛づくろいを見せてやりたかった。

思いを表情にしてこそ親睦が深まる。察し合い、気遣って共に歩いてきたからこそ味わえる豊かさ、生まれた信頼関係の更なる先にあるものは？　許し許された関係の先に見えて来るものは？

その何かを期待して歩いていきたい。キズの思いやりの中で、更なる関わりの世界とは。その夢を追いかけてやろう。

私に向ける視線はやさしい

土に返す時がくるまで

お猿の道、季節を生かす採食場所、五感をフルに活用して出会いに全てをかける。

今日はあの高台の斜面に行ってみよう。林の中に、向かいの林に、山の気配を探る五感を頼りに力が入る。緊張感の中での出会い、前後左右に気を配る心地よさ。しかし少しずつ登りはきつくなる。

中ほどを過ぎた時だった。なんとなく振り返ったその時、何かが動いた。あれっ？　お猿じゃないか。しかし、ここまで歩いて来た道、かなり離れての発見だ。伸びた草の中に見え隠れする姿の主は？　やはりお猿だ？　一頭だけ、何か咥（くわ）えているぞ？

仲間の姿は見えない。歩いて来た道だけに目を疑った。咥えているものは？

死んでミイラ化した我が子の姿と分かったのは、近くに来てから。お猿はウド、棒きれのように

ウド、そして……

なった我が子の姿、遺体だ。なんでここに、お前だけ？　悲惨なイメージはなかったが、言葉が出なかった。ここまで持ちこたえて来た思いを察すると、言葉を失った。

母親の思い。この日が五月七日ということは、少なくとも、子供が亡くなったのは二十日前後の出来事だろう。

この時、ふと頭をよぎった。お猿が抱く死の意識は？　人は？　ウドはうっぷんを晴らすかのように高い木に登って木揺すりをした。

これまで様々な死の姿を見て来てはいるが、なぜ、私に見せようとしたのか。ウドの行為に手を合わせて見守った。見せに来てくれたのか、目が潤んだ。毛づくろいをしてやればよかった。だが今はそんな時ではない。

そこに形がある限り

頭の下がる思いだった。おとなしい性格の母親ウド、その驚き、様々な事情を抱えて生きていく中での出来事。赤ん坊の死と向き合ってきたウド。死んだ我が子、姿あれど反応なし、我が子を救う手段のない中、親の立場が崩れたのだ。

反応しない我が子、子にして子にあらず。成り立たない親子の関係、その立場を取り戻す手段は消えた。腐乱して膨らんでいく我が子、ボロ雑巾のようになった我が子を咥えて歩く親を見た事はある。

しかし、もう手放す時が来ていた。あきらめたとしても、納得のいく別れ方などあるはずがない。

悲しみと戸惑い。何もできないもどかしさ。せめてさりげなく、何かの機会を利用して我が子を置いていく。それが最後の別れ。優しい性格のウドに迫る未練、生きる中に起きて来る死、手を合わせた。

ウドの赤ん坊、たとえ短い期間であっても、姿、形を残して、育ててくれた親への感謝の思いを込めたのか、胸に手を組んだ姿を残して白骨化していた。

それにしても、胸に手を組んだあの姿が頭から離れなかった。偶然の仕業にしては整いすぎている。ウドのこだわりに応えた子の姿だとしても、関わりの中で授かった命。この姿に救われた。

親は子に、子は親に、背負った生と死、納得のいく説明などあるはずはないが、命をいただき、生の営みを通して向き合った親子だったと思う。

しかし、人間社会の中で起きている様々な紛争、殺戮（さつりく）。見るに堪えない人間社会の身勝手、生と死に対する軽薄な課題が多すぎる。

人相まで変えてしまった人間社会の「スマホ」。その決着をつける時が来るのだろうか。

無念

表情は己の顔

下の写真は、まだ打ち解けていない時代のお猿の表情。初代ボス猿のユズリ（右）、そして親子。まだまだ、妙な私の存在に違和感を示していた時代の表情だ。

お猿と人間のよき関わりを示していく。お猿を見れば私の、私を見ればお猿の心の内が分かり始めていた。関わりを通してお互いの思いを知る、その意識が報われ始めた時代の素顔だ。言葉はいらない。思いが顔に表れたからだ。

思いを共有できるかできないか、無言で向き合い、関わり合う素顔が素敵だ。こうして読み取り合う知恵が身についてくると、山に接する思いも変わる。ユズリ家族とも、こうして作られていく出会い。思いなくして生まれるものなぞあるはずがない。

お猿を訪ねて六〇〇キロ。だからこそ可能にしたのかもしれない。夢の一本道はこうして作られていった。

右がユズリ、そして親子

思いが表情になる時、お猿と私の相思相愛は育てられた。耐えて流した涙の時代は一変した。

メス頭への夢を崩さないキズ。その一本道、優しい姉ユズを味方にしたキズ。その姿は後の私の一本道に変わっていく。共に歩き共に感じる関わりを育てていった。

厳しい順位社会の定め、親の立場は家族全員に及ぶ。六歳で大人になり、二年おきの出産。二十四年前後の寿命の中で、変わる立場が群れ離れを促す。群れを離れるものは引き継ぐものより遥かに多い。

だが、この仕組みが群れの活性化を促す。短気は損気、群れ社会の仕組みに耐える難しさ、厳しい順位社会はこうして生き延びていくのだ。

己の思いを目に宿して

大家族ほど、助け合いの輪を広げる。くつろぎのひとときを作る。家族の有り難さを実感する。そこには親子の中に育つ立場の心得を通して育つ姿勢こそ、順

外の景色を見て何を思っているのかな

位社会の美徳として、助け合う思いを育てていく。

ユズは親子ではないので一番端。立場の心得を踏まえた場所だ。順位社会の美徳に違いないが、一歩間違うと淘汰の道づれになる危険がある。

毛づくろいを待つ子、その心得が助け合う思いを育てていく。身勝手では育つものなぞ何ひとつない。不心得者はやがて群れを離れ、群れの活性化を担う淘汰の世界に入っていく。ああ無常。

ボス猿交替と共に変わる立場の入れ替えが群れの活性化を促し、自然淘汰の道になるとは知るよしもない。

採食場所の是非、子育てにそぐわない表と裏、身勝手なものの処罰を自業自得で終わらせていく。しかし、この事情を知らずでは私の夢は果たせない。仲間を見るキズ、その瞳、私の夢をこの目に懸けた。報われる社会の仕組みに沿って、生きていってほしい。

キズと姉ユズの性格の違いがそれぞれの立場意識を作り、助け合って生きる強さを招いていた。相手がいる限り、従う姿勢の下手なキズ、相手がオスの場合、

キズと。どう生きたかってことは、どう見せたかってこと

早く毛づくろいを、この姿勢が気になるキズの性格。
それぞれどんな関わりをするか。己の道は自分にあり、
その夢を抱いて共に歩いていこう。

キズ

そこに景色がある限り

お猿と思いが通じてみれば、あらためて、山の名前が「猿ヶ浄土山」、不思議な巡り合わせの中を歩いている感じがする。

お猿の食べ物は山菜。うまい箇所が分かる。待てよ？　私とお猿の区別が感じられなくなってきた。知恵は使いよう、共に歩いて山菜をいただいて同じ食事をしていれば、姿形が違うだけ、どう見ても大差はない。

遠くの山を背景に、お猿と山を歩く気分は、ただの山歩きとは事情が違う。器用な手つき、思いは一つ、山の遊びに明け暮れる日々。どこか似ている楽しみ方、相手に不足はない。大同小異のしぐさ、山の過ごし方を共にしてみれば、相棒に不足はない。

ここは私たちの山、第三の故郷を静かに味わえる充実感に勝る状況はあるまい。素敵な相手と共に山を楽

動く我が家の額縁

しむ、寂しさを忘れていた。

　ここは私たちの故郷、信頼できる相手と山を歩く一本道、それ以上は望まない。


枕並べて見る夢。どこか似ているようで違う夢がいい
　お猿との春の宴。できれば体験してみたい一つかもしれない。この景色の中で、この陽気の中で。しかし、出来るかなと戸惑う気持ちもある。

　大木の下でキズが居眠りを始めた。私もキズの下で寝てみたくなった。キズの足元に頭を寄せて横になった。気になるキズの様子。許してくれているようだ。

　しかし、そのまま動かないのも疲れる。猫だって目くらい開けるぞ。何を考えてくれているのかな？　甘えてみよう。こんなチャンスは二度とあるまい。

　ちらっ、とキズの様子をうかがう。キズの目は閉じたまま。この幸せに勝るものもないが、このままでいい。お猿と人のドラマ、考えられない不思議な体験。キズとの関わりに起きる不思議、大木の下に咲かせた

キズの視線で分かる状況判断

二つの花。これは、私とお前の祝い船。

しかし、キズの赤ん坊は？　ユズは？　いつの間にか姿を消してしまった。どこへ？　林の斜面を歩くキズを追いかけた。それで十分、ありがとう。

大木の木陰の下に眠るキズ

幸せは味わえる時に味わっておけ。珍しい双子の出産

メス頭の立場で過ごした時代の母親ユズリ。長期安定政権を維持する中で年子三女を出産した。それ自体も珍しいが、その後、姉ユズが今度は双子を出産。次女のキズと支え合って作った立場で、強い絆を武器に互いの立場を生かした関わりを作り上げた。

この珍しい出来事に乾杯した。

育てる厳しさを目の当たりにする機会を逸したが、悔いはない。すでに飲むオッパイは決まっていた。三女のグミは私の眼の届く範囲からいつの間にか消えていった。

まだ、雪の残る景色の中で木の葉をつまんで食べるユズの表情は幸せそのものの素顔だった。成長して向き合う厳しさに興味を残したものの、最終的には、キズの死

子育ては親の思いを伝える作法につきる

を最後に、すべてを終わりにする決意に従うことになるのだが。

ユズに感謝しながらも未練を引きずることだけはやめた。今まで体験してきた関わりの中に全てを埋めることにした。

二十三年間、無口で身に付けてきた姿勢に不自由はなかった。野生の生き物と関わる中で身につけたもの、これでよし。私の運に助けられた強さの幸運に感謝する旅であったと言えよう。

描いた夢の景色

春の芽吹きが景色を和らげていた。聞こえて来る川の流れ、風が早春の景色に流れていく。おとなしいユズの素顔がこの景色に似合う。来て良かった。

ここで出会うことに思惑が的中、ユズの素顔ここにあり。近くに来て緑の葉をむしって食べてくれた。お腹で向き合う赤ん坊の会話が聞こえて来るようだった。可愛い素振りと表情、元気だ。

自分のオッパイは決まっている

ユズには景色が祝ってくれるような春の色気が似合う。ユズに変わった様子はない。素敵な春の陽気の中で見つめ合う赤ん坊、お似合いだ。

這うように広げた灌木、その柔らかな芽を細い指先で摘んで食べるユズの素顔が優しい。顔をのぞかせた赤ん坊の素顔も素敵だ。この子供部屋に言うことはない。芽をつまみながら、ゆっくりと移動を始めた。素敵な高台の斜面での出会い、のぞかせた二つの素顔に幸せを祈った。

ユズは私の前に陣取って赤ん坊の素顔を見せてくれた。この小さな子供部屋、成長していく姿にエールを送った。これから様々な葛藤がはじまろうが、この素顔に期待するしかない。

暖かな日差しの中のユズたち

キズの横でイタドリの茎を食べる

結構な高さに伸びた甘酸っぱいイタドリの新芽。その斜面を降りてきたのはキズ。露で濡らした毛並みを一気に振り払った。輪を描いて露が花火のように広がった。嬉しかった。出向いてくれたことへの感謝だった。

キズは手を伸ばして寄せたイタドリの茎を器用な指先でポキッと折って口に入れた。私も横で真似てみた。こんな試食は初めてだ。指の使い方まで私とそっくりで、見事な知恵の輪、自然との関わりを楽しませてくれたキズ。

この出会いが不思議でならないと同時に、よく来てくれたね、ありがとう、という気持ちでいっぱいになる。人とお猿の区別はここにはない。知恵の輪を見せてくれ

イタドリの新芽を引き寄せて

たキズ。ここまできて、どうしてこの私に付き添ってくれたのか、初めてではないが不思議でならない。

それにしても、信頼の証にする毛づくろい、キズの信頼の深さを実感した。豊かさの中に芽生える感謝の実感、それをキズに与えられた。山菜採りも、旨い箇所をキズといっしょに味わう幸せ。キズとの信頼関係の中に育った関わり、私に与えられたこの実感、自然がそれぞれに与えた命の営みと仕組み、気持ちのいい朝の空気の中で、この味わいに興奮した。

しかし、次第に難しくなる出会い。キズの助けにも限界がある。仲間がいるからだ。順位社会の厳しさの中に残された関わり、こんな体験が残されている不思議に感謝した。

林を出た小高い斜面に姿を見せた仲間、そして最終的には今夜の泊まり場に向かう。それが今日の一日。キズと共に過ごした食事、一緒に過ごしたキズの素振り。一生の思い出の一コマに違いない。

山の衣が風に揺れ、川の口笛。林を流れて尾根に消える。
「おーい、どこだー、ここだーい」

川で遊んだあの日、あの時

お猿の生息地は蛇谷を挟んで北斜面と南斜面に分かれる。この地形が幅のある河原を作り、お猿の姿を様々な状況で見てきたが、お猿の知恵は、特にこの地形を遊びと群れの事情に利用してきた。

生きるための知恵を養う場として、夏の水遊びは見事だ。水に慣れるために水に遊び、川渡りして母親を追っかけるオス猿。流れの中に隠れた石があり、それを知り尽くした親は事情を見越す知恵を与える。そのためにも、水に慣れ親しんでおく必要がある。季節の中で起きてくる様々な事情に対処するためにも。

しかし、危険は予想外の形で起きてくる。黄色くなった濁流の向こう岸で考えこんでいる一匹のお猿。なぜか分からんが取り残されたようだ。この濁流をどう渡るのか。しばらく考えていたようだが、お猿は川上に向かって歩きだした。

水になれろは自然とかかわるものの重要な要素

その知恵とは？　そこは大岩の下にできた澱み、その澱みを利用して渡ろうと考えたようだ。そこを泳いで急な流れに乗って切り抜ける。お見事、覚えておこう。お猿の知恵の奥深さを実感した。予想する知恵、利用する知恵、人間はどうか？　と思う。

夢……我が身が詩になる時

上手なもんだ。ウドじゃないか。目線がぴったり。ウドありがとう。川の澱みを利用しての泳ぎ。岩から飛び込むもの、しかし、この体験もまた不思議、ウドの視線が届いた。

広がる波紋、水をかく手の動き、ウドでなかったら見ることはできまい。いつもどこかで助けられる幸運、感謝。自然の中で味わう命の営み、澄んだ瞳に私の姿があればいい。

人生に応えてくれたお猿たち、その素顔があればそれでいい。六〇〇キロの旅、鍛えあげた感性、歩いて見つけた素敵な出会い。それだけでいい。

泳ぎは達者、飛び込み、もぐりはお手のもの

朝の蛇谷の空気は心地よい

お猿の朝は薄暗い夜明けから始まる。お猿の泊まり場の近くで、ポンチョにくるまって寝たこともあった。お猿が私の目の前を走るように消えていった。採食場所に行ったのだ。私が出会いを探して歩き出す頃には、お猿は次の採食場所に向かっていよう。

南斜面と北斜面の眺め、朝の空気は季節の移り変わりを敏感にする。

その時だった。谷を挟んだ北斜面に騒々しい子供の声。私は南斜面にいるので、行きようがない。様々な体験の中で味わう山の気配、間違って歩く道、その歩みがお猿を理解する知恵につながっていくと思うと勇気が出る。

この山にお猿を探して四季を通して歩き回る

南斜面から北斜面の展望

山の生活を共にしてこそ、自然と関わる楽しさを実感する。その味わいが生み出す素顔こそ、無口でも不自由のない関わりを生み出す。

景色は谷を挟んで南と北。その間の河原で、お猿は様々な姿で遊ぶ知恵を見せてくれる。東から渓谷を流れ下る蛇谷が作る南斜面と北斜面。早い朝には朝焼けがこんがりと景色を焼いてくれる。冬の日当たり、春の芽吹き、夏の涼、渓谷が生み出す様々な地形が生活の知恵を授ける。木の実、草、芽、皮……、山が生み出すものに限りはないが、食べて、居眠りして、毛づくろいして、安らぎを身につけてみれば、ひもじさも耐えてしのげる知恵を生み出していく。この山のデッカイ魅力にたっぷり浸かろう。

南斜面から北斜面の展望

幼さを残したキズの素顔に滲みでる賢さ

ちょっとここで様子を見よう

北斜面の下を流れる河原を移動してきたお猿の群れは、いつの間にか急な斜面に消えていった。この登りは危険が伴うので私には無理だ。

そしてしばらくすると、一頭のお猿が河原の石の上にポツン。川音が静けさを呼ぶ山の不思議の中で、怖さが心地よさを誘う景色もある。懐かしい場所、お猿の端で憩う景色、どこか山を好きになる不思議を教えられた。

何をしているのかな？　そんな関わりの中に見えてくる景色。お猿が素敵な景色に誘ってくれる山。楽しくないはずはない。

深い渓谷に入る前の蛇谷。群れの流れが一望できる所

涼しい風がスーイスーイ

地形が作り出す渓谷の風、その風情が谷を潤す。冷えた岩肌に熱い体を預けて一眠り。自然と関わる中に見せる山の感触、安らぎの素顔が羨ましい。

この雰囲気を味わう相手と向き合えた幸せ、この素顔が素敵だ。赤ん坊もこの雰囲気を味わって成長していく。

川が送り届ける風、どこに行く風、心地よい風。残された冬毛を輝かせてどこへやら。自然との関わりが見せる命の贅沢、微笑ましい素顔にうっとり。

暑い夏だから味わえる知恵の素顔。山を通して関わっていく「命の花」を見つめていきたい。

蛇谷に流れ込む川の一角にある岩の上で涼を楽しむ

生活に色を添えろ。そこに素敵な感性が備わる

春、若葉でにぎわう山の風情。命の芽吹きがお猿と共にする気分を一つにした。お猿と触れ合えるかどうかの自信はすべて関わりの中にある。出会いのない時もある、だから、出会いを勇気に変える機会にしていきたい。

子連れのカモシカ、クマの寝床、枯れた萱（かや）の下から飛び出したイノシシ。命の痕跡と姿、私もその一人だ。ご縁が結ぶ出会いに勇気が出る。実感こそ、関わりを作る最大の武器。その備えが知恵と工夫を生む。山の気配もそこに生まれた雰囲気に違いない。

身勝手は悲しい結末で終わっても、理解するより理解されている心地よさ、感謝の気持ちが素顔に勇気を添える。私の一本道はこれしかない。その心得が人生を占っていく。

早春を彩る若草の南斜面を歩いてくるお猿

立場に命を添えろ

季節は春と思いきや、秋のような腹ごしらえ。しかし、無造作に座っている訳ではない。心得た立場と場所で採食する。どんな状況においても、この心得なしに行動することはない。

次頁の写真、奥からボス猿、メス頭、子供の順。接していると順位社会の心地よさが分かってくる。この意識がないと信頼関係の裏づけが薄れる。それ故に心地よさを感じる。

人間はどうだろう。子供だからとか、そのうちに分かるとか、この大人の分かったような言い分。この立場意識のないスタンスでは、子供の成長に怖さが付きまとう。

順位社会に息苦しさを感じている人は多いと思う。しかし、順位社会のまっただ中にいるお猿と接していると、なぜか心地よさを感ずる。厳しさの中で味わう優しさ、休息の時、食事の時、移動する時。身勝手は争いの元。私がお猿と向き合ってこられたのも、従う心得の中で得られた立場。この姿

仲間の様子を見定める年配のお猿、見通しはよい

勢なくして、理解し、理解される関わりは得られなかったと思う。

奥からボス猿、メス頭、子供

朝焼け。自分で守る命に備えよ

山の朝焼けに勇気をもらう。

真っ赤に染まる東の空。だけど、さりげない出会いがいいな。挨拶は「今日も元気で来たよ」。

朝の空気は身をひき締めるには最適。だが、出会いは意外にさりげない。

長い道のりを走ってきたが、そこに魅力がある限り、これが私の一本道。だが、消えていく道にはすまい。

蛇谷の川の音、体を包むひんやりとした空気。大きく深呼吸してみると、山と一心同体。山が消えない限り我が道も消えまい。

どんな事情？　こんな事情。だから、素敵な事情が生まれる。山に悔いを残すことだけはすまい。

群れは私の視界からアッと言う間に消えていった。
行き先が分かればよし。しかし高い木の上で遊びに夢

美しく老いるってことは子に伝えるものを残したってこと

中の三匹の子供が取り残された。「ちょっと待てよ?」と思いながらそれを見ている私。親を呼ぶ赤ん坊、しかし親は姿を見せない。下には私がいる。私の遊び心で、二匹の子供を逃がし、一匹だけを残した。親を呼ぶ声。来ない親、戸惑い。原因は私だ。

さてどうするか? 群れの姿はすでにない。返答はないが子供の声は聞こえているはず。親の判断は? 邪魔も出来まいと木から離れた。子供は一目散に走り抜けた。親の判断、子の事情、私の思惑、結果は?

推測は推測の域を出ないが、三者三様の思いで向き合ったことは事実だ。誰のためにもならないい

「お母さん、来て!」。秋は発情したオス猿の目がある

たずらはやめよう。
しかし、なぜ来ない……。自然の関わりの中に見せる親の状況判断なのだろう。

自然と関わる楽しさは生き物と関わる楽しさを育てる

河原は群れの様子が分かる。お猿の戸惑いを隠すように、蛇谷のススキが風に揺れた

白い石ころと砂地が混ざる河原のススキが色づいて揺れていた。

一時(いっとき)は共にした仲間、争う理由はない

南斜面の川岸でオニグルミを食べ終わった群れが、河原を渡り、北斜面へと動き出した矢先、先頭に居たものの足が止まった。

北斜面に、少数で分裂した元の仲間が暫く立ち止まって考えていたが、顔見知り、追い払う様子はなく、立場を察して、その場を引き返した。事情を察してボス猿もメスの判断に従った。色づいた河原の景色に風情を添えた。

一時(いっとき)を共にした仲間、これが隣の群れからの顔ぶれだとしたら察する事情はない。この姿勢は私に対して

群れの移動にボス猿は先頭を歩まない

も同じなのだ。メスが許している相手を攻める理由はない。考えてみれば滅亡の憂き目を選んだ分裂組、その仕組みに沿う者に示した姿勢、その表情に戸惑いはなかった。

その慈悲に富んだ素顔、その思いやり。彼らは元来た道を一列縦隊で引き返し始めた。

こちらは群れ、その一部始終を見せてもらった。

仲間を気にするキズ

親の資質は子に見せた姿で決まる。遊びは子供の宝物

厳しい冬の装いも、日だまりが忘れさせてくれる。

群れは休息を楽しんで木の根元に散らばった。触れ合い寄り添って思いを楽しんでいく。

赤ん坊同士の触れ合いに親は関与しない。この関わりこそが子供の自立を促す基本。同じ体験を通した関わりが知恵を生み、授けていく。

その選択は子が主導、親の関与はない。干渉しないさせない躾が間違いを避けるのだ。触れ合いを楽しむひととき、こうして、自立への一歩を踏み出していく。

赤ん坊時代の一年は生涯を占う重要な要素になっていく。遊びを通して、様々な関わりに対処する

木の枝から仲間の様子をうかがう子供

知恵を学んでいく。

親は子に見せて、子は親を見て、与えられた自由の感触を楽しみながら、我が身の癒しにしていく。子供から遊びを取り上げては関わり合って生きる知恵を見失う。

人間の子供、スマホはどんな知恵を授け、関わりを進めていくのか。文明の利器が仇にならぬよう願うしかないのか。進化の裏表、なくす訳にはいかない文明社会の利器、その行き先は……?

赤ん坊全員を集めて遊ばせる「幼稚園」。全部よしとする定めはない

赤ん坊は遊びを通して触れ合う楽しさを実感していく。小さいものほど、弱いものほど、この作用は有効に働く。この一年を活用して、生涯を関わり合う相手を探すまでに成長していく。

だが、必ず落とし穴がある。それぞれに付きまとう母親の怪我と寿命。従うものに寛大な社会にある限度。

かこまれた仲間の中で遊ぶ子供

親に付くか、群れに付くかの選択に迫られた時、待ったなしに群れを追う。

意識しようとしまいと死を意味する。無邪気に遊んでいるように見えて、生き延びる知恵をすでに身につけているのだ。

今年生まれの赤ん坊を集めて遊ばせる仕組み。厳しい順位社会だからこそ、用意された仕組み、関わり合う楽しさが生む安らぎ。備えあれば憂いなしだ。

日頃の生活が大事なのは、お猿も人も変わりはあるまい。順位社会にある立場の厳しさ、それも不心得者を排除する仕組み。育てて維持する群れ社会の知恵であろう。

人間はいかがと考えた時、文明社会が歩む中に起きてくる「自由」だが、子育てから、服装、顔立ちまで、恥じらいのない「自由」をどう考えるかが問われる時が来たのではないだろうか?

日だまりの木の下でくつろぐ子供たち

気の合う子供同士で関わりを楽しむ

引継ぎをどうするか、それが生きるってこと

三月の後半になっても、衰えた体に寒さはつらい。私も万一に備えて慎重だ。厳しい朝の冷え込み、一度、私は蛇谷に滑り落ちたことがあったからだ。

お猿の群れは向かい北斜面の林の梢で食事中。厳しい景色に呆然とする。だが、状況は一変した。日が差してきて、日の当たる川岸に群れが下り始めた。水を口にしてから、川岸の灌木に陣取るもの、腹を日に向けて日光浴をするもの、食事をするもの、毛づくろいをするもの。太陽の日差しに勝るものはない。お猿が生き生きとしてきた。

荒れる日、雪の日。だが、今日は恵まれていた。何もかも味わってきた自然との関わり、和らいだお猿たちの表情。ここに人間とお猿の区別はない。日の光に身をさらして得る安らぎ、どんなご馳走よりも、この

運がなければ今の私はない

豊かさに勝るものはあるまい。

生きてみせる

冬は老いたものに試練の季節。鼻筋のしもやけ、白っぽく艶のなくなった毛並み。しかし、胸元までうずまる雪を押しのけて歩く姿に野生の気迫を感ずる。

ここは私たちの山。厳しさも、楽しさも、共にしてきた山。この山で耐えてみせる。続く暖冬に助けられているとはいえ、冬が消えた訳じゃない。木の皮が旨い訳ではないが、食べるものがありさえすれば、春遠からじ。耐えたものが味わう素敵な春、厳しくとも、自然の営みに沿って生き抜いてみせる。家族の結束を武器に乗り越えてみせる。

待てば訪れる早春の景色。生死を共にして来た仲間。自然と、お猿、そして私を加えておきたい。だいぶ前から「お猿と人間」という意識が薄れていた。

採食場所を変えた群れの移動

引継ぎをどうするか、それが生きるってこと

雪山を歩く姿に見惚れ

毛を分けて体を冷やす冬の風、老いたものにつらい

理解するよりされる安らぎを知る。従う安らぎを身につけよ

朝の食事を終えて、日光浴を兼ねた毛づくろいが始まった。ボス猿の毛づくろいを受けるメス頭の親と子、この存在感こそ、皆が望む姿に違いない。

反面、分裂組はこの存在に見切りをつけて、群れを離れたものもいる。お猿はメス社会、群れの仕組みで動くメスの存在感で動いていく社会。この仕組みの中に示す姿勢と立場で群れの存続に役立てる。群れは家族の集まり、その結束こそ群れの存続に関わる。

初代を担ったメス頭ユズリの子、キズとの関わりなしで今の私の立場もおぼつかない。自分の存在感は従う相手で決まっていく。

同時に運の味方なしでも語れない。その意識を生み出すまでの歳月は長かった。従う姿勢のこだわりを武器にした存在感。この歳になっても、今でも楽を求め

ボス猿の毛づくろいに幸せを味わう母親と子供

ず。それゆえに健康で楽しめる山歩きを手放せない。

毛づくろいの相手はキズ。この関わりは、まだキズが生まれていない当時のメス頭、母親ユズリを始めとした。お猿社会、人間社会、どちらにせよ、心なしで向き合う身勝手な発想では相手にされない。理解されない限り、理解したことにはならない。

キズが毛づくろいを許してくれたのも、今までの関わりを通したいきさつがあるからだ。ここまでに五年の歳月を要した。恐る恐る手を出しての毛づくろい、無口で許された毛づくろい。今でも忘れられない。相手を気遣う気持ちがあればこそ、キズの配慮があればこそ、肌の温もりが指先を通して伝わってくる。お猿と向き合ってきた永い歳月で培われた信頼関係があればこそ、この幸せに勝る感謝はあるまい。ありがとうの気持ちに指先が震えた。毛づくろいが信頼の証になる理由がはっきりした。感無量だった。

キズの毛づくろいに邪心はない

自然の厳しさを癒す群れ。今夜の泊まり場はどこに？

雪景色。お猿に出会えるかな？　重い空気が景色を包んでいた。

群れは背丈の低い雑木林の景色の中に点々としていた。雪を振り落としながら、ササの葉の食事。ガサゴソ、バリバリ、葉を食いちぎる音。唯一、冬の青物の周りに集まる家族の輪。ササの葉の両端を持って中をくいちぎって食べるので葉の根元が残る。この痕跡が冬を過ごした証になる。厳しさの中に見せる命の潤い、頼り頼られる姿の美学かもしれない。

しかし、分かったような振りだけはすまい。この実感だけは無駄にはすまい。厳しさの中に春の足音を予感させるにはまだ早い。お猿と関わってきてよかった、自然と関わる感性、この味わいだけは？　人間では味わいにくいものが多い。

雪の降る中、ササの葉を食い千切って食べる。唯一の青物

自然の厳しさを癒す群れ。今夜の泊まり場はどこに？

子育ては関わり合うことで学ぶ。知恵を身につけるところ

ふんわりとした大粒の雪は膝を超えて柔らかい。お猿たちは雪の中を泳ぐように歩いていく。私の帰りは大丈夫かな？

地面の定まらない斜面は不安定。灌木の枝が頼りだ。点々として動かないお猿たち、ふんわりとした大粒の雪が、みるみるお猿の背中にたまっていく。母親のお腹にうずまり、わずかに顔を見せる子。雪は降り止む気配は感じられない。

私は信州生まれ、雪に対する心得があっても、地面の様子が分からず不安定だ。

母親のお腹にしがみつく子。低い灌木で遊んでいても、母親のお腹に帰れば温かい。この安らぎに勝るものはあるまい。共に味わう感触、自然の中で生きるものに与えられた最高のご褒美に違いない。

親子の絆、お腹に丸くなる子供。この姿ほど強くありがたく感ずる瞬間はない

親子の絆こそ、命の花

降りしきる雪の中、谷沿いの斜面に木の芽を求めて食事を始めた家族。しかし次の灌木に移る道はない。さらさら雪が危険を呼ぶ。厳しさの中で燃やす命、楽して生きる道はない。

厳しさを共にする自然との関わり、親子で囲む食事、群れは家族の集まり。それを勇気の支えにしても、危険と隣り合わせの斜面、生きるための命の冒険だ。

家族の幸せとは？　分かりにくくなってきた。生きてみせる。生き抜いてみせる。意識があろうがなかろうが、共に生きる気遣いを支えに、勇気を得て生きられる姿があればいい。自然と関わる中で実感する勇気、命がその勇気を支える。

ふと、人間社会が頭に浮かんだ。殺し、だまし、ひったくり合う数々。親も子もない、情の薄れた人間社会の顔。スマホ片手につながる悲劇。身の丈を忘れ、他人の目を気にすることもなく、個性豊

冬の厳しさに絶える素顔、自然と向き合うものの姿を実感する

かに身にまとう。それが自由？　自由とは？

情が薄れては人にして人に非ず。知恵の源になる工夫を欠いては、この先はいかがいたすか。お猿社会、生まれた群れで生涯を終わるものの数は少ない。お猿の厳しい順位社会だ。人間が得た文明社会が、かえって命を支える関わりを薄めているのでは？　覚悟を決める時代に入ったのか。楽して生きようとする姿勢の結末。身から出た錆は薄らいだ情の先にある。良くも悪くも、自業自得。錆止めに良薬はない。

お猿の生き方、人間の生き方、らしく生きる作法すらも曖昧になってきた。

群れに残るか、離れるかの決断は、仲間の振り見て我が身を正せるかどうかで決まる。

家族で乗り越える自然の試練。

急斜面の移動先にある灌木の芽に集まる親子

親の夢が子の夢になる時、親はいない

深い谷を見下ろす稜線で親子の毛づくろいが始まった。キクザキイチゲの花が赤ん坊の誕生を祝うように花びらを揺らした。

母親の体を遊び場にしながら親の優しさに包まれて、柔らかく温もる肌の感触を楽しむ赤ん坊。毛づくろいをする相手に手出しをさせない母親の気遣い。徹底した躾のおかげで、相手も子への手出しはしない。

吹き上げてくる柔らかな風に毛並みを揺らして、川の音と眺め、命に備えられた勇気、赤ん坊を気遣いながら毛づくろいの邪魔をさせない親の気遣い。毛づくろいはしてみてわかる信頼の証。心配のない季節、子育てにかけた、親の思いが春の景色ににじむ。

親の幸せも子で決まる瞬間だ

眠りは命のお遊び

この寝心地、毛づくろいを受けて、どこか夢心地。どんな夢を見たのか聞いてみたい。毛づくろいなら私にもできる。お猿でなければ分からんことを知ってみたい。

ひんやりする木の感触、肌を滑る指先の感触、毛並みの先が涼しい風に揺れる。ここで見るお猿の夢、木でアゴを支えて風呂にでも入っている夢がいいな。

足で体を支えて、こんな姿で居眠りするのも乙なもの。どこからか来た風が、通り過ぎていく。白い毛並みがそよそよと揺れる。キズのところには流さないでね。

素顔の山からの、風の便りを聞いてみたい。寝ていれば分かる気持ちじゃねえかい。

木の感触、仲間の思いやり、毛づくろい、幸せの姿が羨ましい

ボス猿の手相、何かよさそうに見えるんだが？

キズの姉ユズとドングリ探し。不作の年でなければ、こんな姿は生まれまい。しかし不思議なポーズだ。ユズは私の拾ったドングリをポイッと取って口に入れた。「あれっ。それ、俺のドングリなんだけど？」。互いに相手を気にしている矢先の出来事。優しいおとなしい性格の子だ。嬉しかった。

その様子を仲間は不思議そうに見ていた。そこに何の違和感もない。これが信頼されている私の存在感。思いは表情になることを考えると言葉はいらない。そうか、理解されていないかぎり、理解しているとはいえないこと。

これまで、人間から学ぶことはなかった。

ボス猿の手相、こんなにはっきり見るのは初めて。よく見える

相手はキズの姉ユズ、不作の翌年、ドングリ探しを始めた時のこと。
私の拾ったドングリをポイッと取って口にした。あれ？

お猿に教えてもらった山菜の数々

こだわりのない人生では覇気が薄れる。

お猿との生活実習を通して見えてくるものがある。

お猿のお話で終わる訳にはいかなくなった。

寿命と厳しい順位社会の中で迎える家族事情と立場、こだわりが薄らぐと仕組みに流される。立場を守る姿勢、得ようとする立場、姿勢、そこに生じる思いがオスとメスの生み分けに作用する。姿勢が強いとオス、守りに入るとメス、この事情が家族の結束に作用する。限られた生息域、寿命と立場、その移り変わり、ほとんどの者が最終的には淘汰の道を歩まされる。

親の死が子の立場を左右して、一気に入れ替わる事情。しかし、この事情がいつしか私に作用していたとは知らなかった。お猿の表情から姿勢を読み取る習慣が身についていた。思いが行動と振る舞いに作用していく事情。綺麗ごとの通用しない社会。その姿勢が生

ボス猿を気にするキズとユズの母親ユズリ

み出す素顔、振る舞いを見れば、分からないものなどない不思議を感じてならない。

人間社会は「知識」万能社会。どこか「知恵」の世界を見落としてはいまいか。

こうして、いつしか、単独行動の寂しさは消えていた。向き合える自然があればそれでいい。


山の景色は命の潤いに満ちあふれていた。柔らかな日差しと豊かな色彩、その印象は命の印籠を渡されたようだ。

命の一本道。この恩恵こそ、厳しさを勇気で乗り越えさせる万能薬。自然からの命の恵み。背に乗り、お腹にぶら下がり、母親の優しさを実感して育っていく。人間はどうだろう？

言葉は添えるだけでいい。赤ん坊が見て感じ取る反応は敏感である。キズの子はオス。これもキズの試練と考えよう。

早春の南斜面から北斜面の山並み

無心。そこに邪心はない

　眠る素顔に飾りなし。赤ん坊、子供、母親、その立場にこだわりのない素顔が素敵だ。

　これぞ、山の関わりの中で作った素顔に違いない。その素顔に癒される。その一瞬、立場を忘れて生まれた素顔、飾りのない素顔が好きだ。

　心地よく漂う山の風情に身を任す。枝を支えにして、私も心地よい空気に浸って目を閉じてみた。お猿と遠からずの素顔になっていよう。

　春の風はハーブの香り。流れて来た風、どこから来た風、身を任せる風、仲間と共に身をさらす風情が心地よい。いつの間にか人間の意識が薄らいでいた。

　この空気に身を任せる実感、いかなる事情があろうとも、この時だけは邪心が消える。心地よい眠気が景色を包んでいた。お猿を見て学ぶ実習、自然にどっぷりと浸かって感ずる感性のざわめき。この納得に勝る

幸せの素顔に無理がない

味わいはあるまい。
生と死、その瞬間、ストレスは長生きの天敵。居眠りしている素顔に、なぜか頭が下がる思いがした。今までに体験したことのない心地よさはなんだろう。

この山で寝てみるがいい
眠れない者はよそ者だ
遊びつかれて寝てみるがいい
眠れない者は遊んでいない証拠だ
山の足音に耳を傾けてみるがいい
聞こえない者は親しみのない者だ
気配に肌を震わせてみるがいい
感じない者は分からない者だ
相手をよく見るがいい
見えない者は見ていない者だ

休息。だが中身が違う。各自の事情は様々。若さに勝るものはないが、仲間と共にする休息に勝る安らぎはない

子供同士、安らぎのひとときを温もり合う。肌の感触に身をゆだねて頼り合う

年齢24歳を過ぎた老齢、老いを癒す。曲がった体を木に持たせて目をつむる

熟年のゆとりで身を休める。心地よい眠りに活力をつける

ニリンソウの中にボス猿

ボス猿だ。

白く清楚に咲くニリンソウの群生地に座ったボス猿。ニリンソウが仲良く花を咲かせて、日当たりのよい南斜面に群生している。柔らかなニリンソウの感触が気持ちいいのか、腰を下ろしてしばらくそのまま。食べられる草ではないようだ。

ボス猿は視線の先を歩いているカモシカを見ていた。この出会い、大きな体で見つめ直したカモシカ、初めてではない顔なじみ、考えることは同じと見て取れる。ここで暮らす者同士の出会い、驚きがないだけに、考えは大同小異。しかし、不思議な出会いもあるものだ。それぞれの考えに違いはあるまいが、名場面だった。

ニリンソウの群生地の中に座るボス猿。その先にカモシカ

何を映し込む、その瞳

あれっ、何しているのかな？　分かっているだけに姿勢はごく普通だ。だが、これがクマだったらどうだろう。

争いは分からないものと無防備なものの浅知恵。隠すより見せろ。思い違いのない姿勢を示せ。自然の仕組みに沿って向き合ったものの間には争う要素はない。人間と生きものの間に起きる小競り合いも、互いの身勝手な思い込みと自分に都合のいい解釈で起こした災いが多い。

お猿と人間の間に起きる争いも、身勝手と綺麗事では解決の道にはならない。

ボス猿を見ているカモシカ。争う理由はない

目で語る

瞳に何を映し込むか
それがおのれの生き方を決める
目を見れば分かる理由だ

さて、今日は？　ひんやりとした朝の空気。その時、お猿の声、あれっ。しかし、どうやって行くの？　動きを待つしかないか？

思い出すなあ。途方に暮れて、訳もなく流れた涙。この涙だけは流したくない。お猿たちの素顔に通う思いに違和感はない。

お猿たちは様々な事情を抱えながら季節に沿った行動をしていく。休息、食事、一緒に移動しながら味わう山の風情。その楽しさは人間とお猿の違いを感じさせない。楽しんで味わう山歩き、その友に巡り会えた幸運に応えられる心得は備えているつもりだ。

どこだーい

この基本がないのでは、生きものと向き合うには無理が出る。そして、通り一遍の解釈で終わる。人生の道にするには程遠い。

こっちだーい

苦しい

お猿の体調不良は歴然としていた。短い夏毛に変わる寸前、顔を紫色に染めて、冷えた岩の上に腹這いになった。体がほてるのか、厳しい表情に思わず「どうした」と声が出た。その表情は苦痛にゆがんでいた。

耐えるしかない。自然の関わりの中で備えた「漢方」も役に立たなかったようだ。整形に関わる怪我は歩くリハビリ効果でよくなることが多い。しかし、群れに付けなくなると、覚悟が必要になる。通常なら毛づくろいの場面、子供も親の異常を察して、横に寄り添った。

自然のなかで味わう体調不良、口から吐き出す表情は厳しい

この風はどこから来た風、ぼんやりとさせる風

渓谷を流れる風、水の流れに沿って吹き抜けていく風。冷えた岩にほてる夏の体を預けて、涼で体を癒す。事情がどうであれ、そこには自然と関わる中で癒す素顔がある。

遊ぶ子供と遊びをしない大人、このケジメをはっきりさせて、山の楽しみ方を仲間とともに工夫する。山の恩恵を活用した知恵を身に付けるには手先が重宝する。これぞ、自然と関わる楽しさを味わう秘訣。どんな厳しさの中においても、生きる姿に楽しさが消えることはない。

知恵を命の支えにして生きる姿が好きだ。自然と共に潤う姿こそ、私が描き望んで来た夢の世界ではなかろうか。この姿勢を終生絶やすことはあるまい。

枝に寄りかかって居眠りのキズ、手先の形で気分が分かる

親は子を見て、子は親を見て、見る目は紛らわしさの見定め

草地の斜面に作られた道を移動する群れ。一気に移動するにあたって立場を見極める視線があらわになる。心得た立場に居るものは小さくとも周りを気にしない。順位のありようが動きの中にはっきりする。周りを気にするもの、落ち着いているもの、自分の立場意識がはっきりと読み取れる。順位社会の表情として見ていて心地よい。ボス猿は決して先頭を切らない。群れの維持は自分の取るべき場所の心得にあるからだ。

人間はどうであろう。その意識が曖昧ではなかろうか。

親の位置に従う子供、順位社会の心得である

伝えるもので決まる子育て　基本は当たり前でここちよく出来ている

親子の食事に友達

表情こそ我が命

今年はキノコの当たり年？

キズの横で、キズに「このキノコ食べられるかな？」、冗談半分に聞いてみた。すると、「あれ？」、不思議にも手ではらいのけられた。だめってこと？

それにしても、キズの手の早さ。私を考えてのこと、だろうか？　そうでなければ、キノコを払いのけるはずがない。

今年は妙なキノコを目にした年。二十三年間で初めてだ。こんなところになぜ？　というくらいだ。毎年生えるもの、隔年もの、お猿の食べるキノコもある。しかし、私の持ったキノコを払いのけた。あの手の早さが頭に残る。キズとの間にはぐくまれてきた信頼関係の証、その気遣いだとしても、不思議に変わりはない。

嬉しかった。ありがとう。しかし、旅も終わりに近づいて来た。キズとの間に交わされた様々な不思議、それだけに出会えた幸運に感謝した。

これ以上の夢は描ききれまい。

「お前知らねか」「それだめ」

マイタケを見つけた

秘めた母親のまなざし、その表情に嘘いつわりはない。思いを表情にできれば、無口でも思いは通ずる。

ふと、キズの思いを察した。伝えるものを曖昧にして描かれる夢なぞあるはずがない。顔を赤らめて恋の相手を見つめるメス猿、その視線が相手を動かす力になっていく。

キズとの間に生まれたキノコの一手、信頼する関わりの中に生まれた『シートン動物記』に違いない。

ウド、私に好意を寄せてくれていた、その瞳

落ち葉の上で家族の絆

お猿たちは秋の木洩れ日を受けて、斜面の落ち葉の上で毛づくろいを始めた。母親中心の家族と親族の集まり、その毛づくろいの景色は、山で生きるものの癒しの風景。毛づくろいを通して育まれていく幸せに勝るものはない。

思い思いの姿で思いを癒す毛づくろい、家族の結束はその上に築かれたもの、厳しい順位社会の中に育まれて来た行為に違いない。相手を気遣う毛づくろい。キズとの関わりもその一つ、自然の中で生きる厳しさを順位社会の中で育てて来た仕組み、毛づくろいは命の関わりに欠かせない。

癒し、癒される心得なくしては、厳しさの中で生きるには無理が出る。幸せとは何かを考えさせられる。

南斜面の日だまりに血縁のものたちが集まって毛づくろい

瞳に思いを乗せて

何を瞳に映し込んで来たか。無口でも関わり合えるお猿。人間もそれができれば……。お猿にできて人間にできないはずがない。表情、行為でキズに理解されてみれば、それもここまで心を読んでくれているとは、どれだけ救われたことか。

人間にその理解がないとすれば、情けないの一言に尽きる。言葉は手段、表情を読み取る判断が薄れては、無関心が当たり前になっても不思議はあるまい。

行き先の案内まで、山の中の迷いにも応える気遣い。なぜそこまでできるのだろうか？　見て判断する感性を身につけてみると、相手の存在感まで分かるようになる。感じて、気づく感性に磨きがかかれば、話の不自由さは薄れていく。

無口な相手と交わす感性の楽しさ、一人の山歩きに寂し

仲間の動きを見定める視線

さは薄れた。山は元気の源。無口なものに囲まれた林に賑やかさを感ずる実感こそ、自然の関わりを楽しめる人。命が発する動きに癒される人。命の出会いを楽しめる人になれた証。自分の感性を武器に強く生きられる人だ。

木の枝にいる我が子の様子を見守っていた母親。風が木の枝を揺らし始めた。この風、どこから来た風、どこに行く風だろう。

ここを立ち去る時が来た。揺れる母親の毛並み。しばらくして歩きだした。その動きに気づいて走りだした子供、安易な反応はしない。その母親の表情を捉えた瞬間だった。

メス頭アカの夢

昭和六十一年、四十数頭で出発した群れも十三年の歳月を迎えた。五代に亘るボス猿交替を経て、新たな再出発はキズのいるキズグループとシログループの二つに分かれた。

私はキズと共にキズの一生を見届ける決意に変わりはないが、群れを維持するために必要不可欠な仕組みで、従前どおりの道を歩むキズグループ、相手の存在を気にしながら歩むグループに分かれた。

生息域を共有する二つの群れ、その顔ぶれ、立場意識が作る相違の一部始終を見せてもらった。現在のキズグループのメス頭はアカ。キズが託したメス頭への夢、立場と事情の中に見せるキズの素顔、信頼関係の中に築いたキズとの関わりを胸に秘めながら更なる挑戦の日々を送る。

だからこそ味わえる充実感、夢を共に抱えて歩んで

あの人、分かったかな？

いく。少し強面のアカが指をさした。

何を考えているのか。その素顔は、「仲良くやってね」、そう言っているようだった。言葉なくとも表情で通わせる心地よさ、指先に思いを寄せたしぐさに違いない。信頼できる相手と関わる勇気を、私のすべてにして歩んで来た道、歩んで行く道。不思議な人生の旅、おろそかにはすまい。

アカとキズを交互に見ていた時だった。突然、お猿の甲高い声。何だ？　キズの頭が僅かに動いた。アカも同じだ。群れの中で起きた状況が分かっているのだ。

何が起きたの？　群れの中に生まれた不思議。

キズとの関わりの中に潤んだ瞳。なぜ？　ここで？　私の思いで滲んだ涙。心配ないよ。状況を察知して、カバーしてくれるキズの思いやり。運と気遣いの中で味わう不思議な関わり。ふと、感謝の思いが込み上げてきたのか、心強さに重ねられた思いやり、キズの気遣いに救われる私の立場。いたわりと信頼の中に生まれた、キズの気遣いに思わず流れた涙。これぞ人生の宝物。無口で向き合う中で味わう感謝の思い、一瞬の出来事で終わったが、キズの表情は落ち着いていた。忘れられない一瞬での出来事、キズの思いやりに感謝した。

「こっち向いてるのはアカじゃないか？」「そうだよ」「届いたかな？」

目は口ほどにものを言う

山の風情に乗せた真剣なまなざしこそ、命を輝かせる顔、おのれが生きる証。受け継いだ知識に更なる自分なりの知恵を重ねて、生きてみせる素顔にしていく。

勇気と気迫に満ちた表情になるのも思いの表れに違いない。鍛えられるものは鍛え、勇気と気迫で命に輝きを添える。

お猿と目を合わすな？　目で語らずにどこで語るの？　その目がすべてを語る。人間は？　厳しさを支える毛づくろい、語り悟る目は同じなのだ。言葉な

案ずる目

しでも通じ合える心の窓、向き合う時には、この窓を開けておこう。

林が作り上げる風情に、にじませる秋の素顔。季節に漂わせる気迫、その相手に不足はない。ポツンと木の実が落ちた。恵みの音、そこに言葉はいらない。自然と関わる時に感ずる命の音、表情ゆたかな秋の風情。そこに芽生える豊かさを勇気に変えて、自然との関わりを強めていきたい。

夢こそ命、それを自分の感性で実感していきたい。その中で味わった言葉のいらない豊かさ、流した涙を無駄にはすまい。

歩いて味わう

視力は抜群

厳しく光るボス猿のまなざし。抜群の視力に見落としはない。

群れを守るために見せる立場と表情、頼るものと見守るもの、そこににじませる表情。私が見てもボスの任期が分かるようになる。相手にされなくなっては立場の存続はない。見ればそれと分かる姿を維持しなければならない。

自然と関わる作法を身に付けて山を楽しんでいきたい。難しいことではないが、見る山から味わえる山へ味わいを深めてみればと、自然の遊びを知らない人を見てつくづくと思う。

素材あふれる山で感性を学ぶには、嘘、偽りのない関わりを手にして学ぶ知恵、遊びの醍醐味はそこに潜んでいるといえよう。

仲間を見る目

確かめるボス猿の目

命の花を咲かせよう

キズと歩いて来た夢の一本道
命の関わりを通して学んだ知恵の数々
自然と関わる素敵な世界を授けられる

お猿の高い視力を相手に向き合ってきた歳月。考えてみれば、私の表情、行動から心の内まで全てお見通し。

しかし、スマホで人相まで変えてしまった人間、情を薄めた顔で語れるものは何だろう?

お猿と向き合って感じることの一つ。益々、知恵と情緒を薄めていく生活、最近はＡＩも登場、無口で分かり合える関わりなど考えられない。お猿の話など論外。……そうだろうか? 理解してこそ、理解される器が生まれる。その逆も真なり。

それにしても、そこに自分の歩む道が生まれようとは。しかし、人生をかけて歩んでこられたのも、勇気に起因する要素は大きい。分かったような振りだけはすまい。寂しさと戸惑い、灌木の中で途方に暮れて流した涙。しかし、だからこそ、伝えられる関わりに巡り合えた。運で救われた命も、不思議な関わりも、この出会いを大事にしたからこそ与えられた道、信ずるものは救われる道を歩いてきた。諺はこの関わりの中にも生きていた。

当時と現在とでは大きく違う。同じ視線で向き合える心地よさ、自分の瞳に何を映し、何を伝えられたか、無口な表情で読み取る真実の顔、思いを伝える唯一の瞳、輝かせられるか。見て、察して、気づく姿勢なくして瞳に映し込むものはない。そうして作り上げた素顔、思い、伝えられる安らぎ、そこに不思議を覚えても、おかしくはあるまい。

目は心の窓、理解の糸口になる関わりを自覚した時から、瞳が輝く時を気づくことができれば、自然に学び関わる楽しさをつかんだ人間と言えよう。

思いを表情にして二十三年の歳月が流れた。何かを期待し描き続けて来た道、私の道、生涯の道、これ以上の喜びもないが、この土産に勝るものもあるまい。すべては、信頼関係の中で培われた宝物、そのために費やした歳月。

しかし、お猿に学んだ知恵が人間への警告に進むとは考えもしなかった。

人生の教訓。親子、兄弟、孫まで、社会の仕組みの中で、どう歩むべきかの人生道。自分一人では自分以上にはなれないと教えられた。

人間社会の先を見据えて描く世界、人を見て不安に感じるのでは寂しい。学ぶ相手を探せ、その関わりの中に我が道を見つける。人に対する不明瞭な関わりが消えるまで。

己が咲かす命の花、自然と関わる中に見つけた命の花。キズの死を認識して終わりにした。

不思議にもほっとした。勇気ある出会いを全うした満足感、キズの一生を見届けられた勇気の言葉。ありがとう。それを言いたかった。

素敵なキズの姿と素顔

あとがき

山は命の支えを担う場所。与えられた寿命に沿って我が道を歩んでいく。何一つとっても、自分勝手に生きられる場所はない……。

だが、人間はどうでしょう。

特別な知能を与えられ、更なる躍進を続けていますが、その過程を違った視線で見つめてみれば、疑問が残ります。

スマホからＡＩ、衣装、身づくろいまで、それぞれ自由な発想が楽しめるようになりました。こだわりのない生き方に沿って自由を味わって歩き出しているようにも見えます。

ただ、子育て、教育、更には犯罪の質まで、時代を反映した何でもありの風潮が、時代の心地よさを誘ってはいても、一方では、触らぬ神に祟りなし、見て見ぬ振り、個の振るまいに対しての姿勢は貧しくなったようです。冷たいのか無関心なのか分かりませんが、どちらにしても時代は後戻りしません。私自身はこの歳になっても、出来る手助けは忘れないように心がけています。

お猿との間に築いた信頼関係。人間も生きもの、自然との関わりなしには生きられません。現代に相応しい関わり方があるのでしょうか。

厳しい順位社会の中に生きる初代メス頭ユズリの子、キズが描いた夢。この子の一生だけは見届けてみせる、その姿を追うことが我が生き方と決めて、歩き始めました。その魅力、この出会いなくして二十三年通い詰めることなどないでしょう。信頼関係を元に、夢に向かって歩み出しました。

厳しさの中に描く夢、そこに描かれる美学があっても不思議はあるまい。自分勝手に生きる道に美学などあるはずがない……。お猿と無口の中で交わされた信頼関係を元に、厳しい順位社会の中にある自由を感じました。ですが、親の立場が変われば一族すべての立場が変わります。必要だから作られた仕組み。それだけに、楽して咲かせる花はないように仕組まれているのです。

人間社会。同じ立場を長く続けることの弊害。お猿は短い寿命の中に仕組まれた厳しさゆえに、交替の憂き目を見抜く力を授けられました。

互いに生きる道を考えた時、信頼関係なしに歩む道はありません。勇気と運に支えられて、見つけたキズとの関わり、信頼関係なしに得られるものは何もありません。そこに辿り着いた私の道。そのままで終わりにするわけにはいかないのです。

著者プロフィール

戸谷 和郎（とや かずろう）

昭和11年長野県大町市生まれ。
20歳の時にカンヌ映画祭記念映画賞受賞作品「白い山脈」の撮影に参加。昭和58年から動物の生態写真の撮影を始める。昭和61年より白山のニホンザルを追う。著書に『白山のニホンザル家族』（平凡社）、『お猿に人生相談』（文芸社）等。

山に咲かせた命の花 「キズ」と過ごした二十年

2025年 2 月15日　初版第 1 刷発行

著　者　戸谷 和郎
発行者　瓜谷 綱延
発行所　株式会社文芸社
〒160-0022　東京都新宿区新宿1－10－1
電話　03-5369-3060（代表）
03-5369-2299（販売）

印刷所　株式会社フクイン

ISBN978-4-286-26198-0